Zekarias Gashu

Manual de Laboratório do SQL Server 2008 para Principiantes

Zekarias Gashu

Manual de Laboratório do SQL Server 2008 para Principiantes

ScienciaScripts

Imprint

Any brand names and product names mentioned in this book are subject to trademark, brand or patent protection and are trademarks or registered trademarks of their respective holders. The use of brand names, product names, common names, trade names, product descriptions etc. even without a particular marking in this work is in no way to be construed to mean that such names may be regarded as unrestricted in respect of trademark and brand protection legislation and could thus be used by anyone.

Cover image: www.ingimage.com

This book is a translation from the original published under ISBN 978-613-4-93291-2.

Publisher:
Sciencia Scripts
is a trademark of
Dodo Books Indian Ocean Ltd. and OmniScriptum S.R.L publishing group

120 High Road, East Finchley, London, N2 9ED, United Kingdom
Str. Armeneasca 28/1, office 1, Chisinau MD-2012, Republic of Moldova, Europe
Printed at: see last page
ISBN: 978-620-8-09939-8

Conteúdo

Parte 1

Criação e eliminação de bases de dados no SQL Server 2008

Criar uma base de dados

A. **utilização da interface gráfica**

1.   Inicie o SQL Server Management Studio selecionando Start +All Programs÷Microsoft SQL Server 2008÷ Microsoft SQL Server Management Studio.

2.   Clique em Ligar à sua instância predefinida do SQL Server.

3.   Expanda a pasta Bases de dados.

4.   Clique com o botão direito do rato na pasta Bases de dados na árvore da consola ou no espaço em branco no painel direito e escolha **Nova base de dados** no menu de contexto.

5.   Agora deve ver o separador Geral da folha de propriedades da base de dados. Introduza o **nome da base de dados** e deixe o proprietário como <default>.

6.   Deixe todas as predefinições e clique em OK quando tiver terminado. Agora deve ter uma nova base de dados.

B. **Utilizar instruções Transact SQL (T-SQL)**

1.   Na barra de ferramentas, clique em **Nova consulta**

2.   Escreva a declaração de criação da base de dados no editor e clique em **Executar**

Eis a sintaxe mais simples, deixando os outros parâmetros com os valores por defeito:

CREATE DATABASE nome_da_base_de_dados

Os nomes das bases de dados devem ser únicos dentro de uma instância do SQL Server

Example 1: para criar uma base de dados com o nome 'Teste':CREATE DATABASEtest

Example 2: para criar uma base de dados com o nome "library" (biblioteca)

Biblioteca CREATE DATABASE

EM PRIMÁRIO

(

NAME= library_Data,

FILENAME='C:\Program Files\Microsoft SQL

Servidor\MSSQL10.MSSQLSERVER\MSSQL\Data \library_Data.mdf',

SIZE=7MB,

CRESCIMENTO DO FICHEIRO=3MB)

LOG ON

(

NAME= library_Log,

FILENAME='C:\Program Files\Microsoft SQL

Servidor\MSSQL10.MSSQLSERVER\MSSQL\Data\library_Log.ldf',

SIZE=3MB,

MAXSIZE=10MB,

CRESCIMENTO DO FICHEIRO=1MB

)

Ficheiro primário: O ficheiro primário consiste no ficheiro de dados inicial no grupo de ficheiros primário. Um grupo de ficheiros é uma coleção nomeada de ficheiros de dados. O grupo de ficheiros primário contém todas as tabelas do sistema. Contém também todos os objectos e dados não atribuídos a grupos de ficheiros definidos pelo utilizador. A extensão de nome de ficheiro recomendada para ficheiros de dados primários é **.mdf**

Ficheiro secundário: A base de dados pode ter ficheiros de dados secundários. Algumas bases de dados podem ser suficientemente grandes para necessitarem de vários ficheiros de dados secundários, ou utilizam ficheiros secundários em unidades de disco separadas para distribuir os dados por vários discos. A extensão de nome de ficheiro recomendada para os ficheiros de dados secundários é **.ndf**

Registo de transacções: Todo banco de dados deve ter log de transações. A menos que especificado de outra forma, um arquivo de log de transações é criado automaticamente com um nome gerado pelo sistema. A extensão de nome de arquivo recomendada para o arquivo de log de transação é **.ldf**

Tamanho: pode especificar os tamanhos de cada ficheiro de dados e de registo. O tamanho mínimo é de 512KB para o ficheiro de dados e de registo.

Crescimento do ficheiro: É possível especificar se um ficheiro aumentará de tamanho, se necessário. Esta opção é designada por *crescimento automático.*

Tamanho máximo: pode especificar o tamanho máximo para o qual um ficheiro pode crescer em megabytes ou como uma percentagem. O valor de crescimento predefinido é de 10 por cento. Se não especificar , por predefinição, o ficheiro crescerá até o disco ficar cheio.

Modificar uma base de dados

Também é possível aumentar manualmente o tamanho de qualquer ficheiro de registo de dados ou de transacções, utilizando

ou o SQL Server Enterpriser Manager ou a instrução ALTER DATABASE em

Transact SQL .

ALTER DATABASE *database Name* //o nome da base de dados a modificar.

MODIFICAR FICHEIRO

(NAME = ' *Nome do ficheiro'* //o nome do ficheiro a alterar.

MAXSIZE=20MB)// o tamanho em megabites.

Exemplo:

biblioteca alterdatabase

modificar ficheiro

(name='library_Data ',

tamanho=4GB)

ALTER DATABASE *nome_da_base_de_dados*

SET COMPATIBILITY_LEVEL = { 80 | 90 | 100 }

80 =SQL Server 2000, 90= SQL Server 2005, 100= SQL Server 2008

Ver as informações da base de dados e alterar as opções da base de dados

Executar sp_helpdb// isto mostra informações sobre todas as bases de dados

EXEC sp_helpdb library// apresenta informações sobre a base de dados Library

Utilizar a biblioteca

EXEC sp_spaceused// apresenta informações sobre a quantidade de espaço utilizado na base de dados Library

EXEC sp_dboption// para ver uma lista de opções de base de dados definíveis

EXEC sp_dboption Library // para ver uma lista de opções de base de dados que estão activadas para a base de dados Library

EXEC sp_dboption Library, 'read only', 'true'// para alterar a base de dados Library para o modo só de leitura

Digite e execute este procedimento armazenado ***EXEC sp_dboption Library*** para verificar se o banco de dados Library está agora no modo somente leitura

Eliminar uma base de dados

Não é possível eliminar uma base de dados nas seguintes condições:

> Uma base de dados que está a ser restaurada

> Uma base de dados que está aberta para leitura ou escrita por qualquer utilizador

> Uma base de dados que está a publicar qualquer uma das suas tabelas como parte da replicação do SQL Server

> Uma base de dados do sistema.

Sintaxe: DROP DATABASE *nome_da_base_de_dados*

Por exemplo, para eliminar uma base de dados chamada 'land', o código T-SQL será : DROP DATABASE land

<u>Exercício:</u>

1) Crie uma base de dados chamada Book. Especifique o nome, o nome do ficheiro, o tamanho do ficheiro, o crescimento do ficheiro e o tamanho máximo para o ficheiro primário e o ficheiro de registo.

2) Modificar o ficheiro da base de dados: aumentar o tamanho do ficheiro de dados e diminuir o tamanho do ficheiro de registo.

3) Eliminar a base de dados que já foi criada.

Parte 2

Tabelas

Criação de tabelas

Objetivo: Os principais objectivos desta sessão laboratorial são:

> Para criar uma tabela e tipos de dados no SQL Server 2008

> Definição dos tipos de dados para a tabela

> Eliminar registos, eliminar, alterar tabelas

Criação de tabelas

Considere os seguintes factos quando cria tabelas no SQL Server. Pode ter até:

> Dois mil milhões de tabelas por base de dados

> 1.024 colunas por tabela

> 8060 bytes por linha

Especificação de valores NULL ou NOT NULL e valores por defeito

Pode especificar na definição da tabela se pretende permitir valores nulos em cada coluna. Se não especificar NULL ou NOT NULL, o SQL Server fornece o NULL.

> O exemplo a seguir cria a tabela chamada aluno, especificando as colunas da tabela, um tipo de dados para cada coluna e se essa coluna permite valores NULL.

Sintaxe:

nome_da_base_de_dados_utilizada

CREATE TABLE nome_da_tabela

(Tipo de dados Column_Name NOT NULL,

Tipo de dados da coluna2 ,

Tipo de dados da coluna3 NOT NULL, ...)

Exemplo: Para criar a tabela de alunos numa base de dados chamada Registo,

Utilizar o registador

CREATE TABLE aluno

(

stud_IDint not null,

First_Namevarchar(30),

Endereço varchar (30) por defeito "Addis Ababa")

Eliminar uma tabela

A eliminação de uma tabela remove a definição da tabela e todos os dados, bem como a especificação de permissão para essa tabela.

Antes de eliminar uma tabela, é necessário remover quaisquer dependências entre a tabela e outros objectos.

Sintaxe: DROP TABLE *nome_da_tabela*

Exemplo: DROP TABLE aluno

Modificar uma tabela

Pode modificar a tabela adicionando uma nova coluna e eliminando uma coluna da tabela.

Adicionar uma coluna

O tipo de informação que se especifica quando se acrescenta uma coluna é semelhante ao que se fornece quando se cria uma tabela.

Sintaxe: ALTER TABLE nome_da_tabela ADD nome_da_coluna tipo de dados

Por exemplo, para adicionar a coluna idade na tabela de alunos, escrevemos :

ALTER TABLE STUDENT ADD age INT

Se precisarmos de modificar (alterar) o tipo de dados de um ficheiro já criado

Coluna, podemos utilizar a seguinte sintaxe:

ALTER TABLE table_name ALTER COLUMN *column_namenew_data_type*

Por exemplo, para alterar o tipo de dados da coluna stud_ID na tabela de alunos *de um tipo de dados inteiro para um tipo de dados de carácter, escrevemos:*

ALTER TABLE student ALTER COLUMN stud_IDvarchar*(30)*

Eliminar uma coluna

A eliminação de colunas não pode ser recuperada. Por conseguinte, certifique-se de que pretende eliminar uma coluna antes de o fazer.

Sintaxe: ALTER TABLE nome_da_tabelaDROP COLUNA nome_da_coluna

Este exemplo elimina uma coluna de uma tabela

ALTER TABLE student DROP COLUMN idade

Alterar o valor predefinido

altertableTNameaddconstraintConstraint-Namedefault(*Valor por defeito*)forAttribute_Name

Geração de valores de coluna usando a propriedade Identity

Pode utilizar a propriedade Identity para criar colunas (designadas por identidade

colunas) que contém valores sequenciais gerados pelo sistema que identificam cada linha

inseridos numa tabela.

Sintaxe: CREATE TABLE nome_da_tabela (

Tipo de dados Column_name IDENTTY (*seed, increment*) NOT NULL

)

O exemplo seguinte fará com que Emp_No seja uma coluna de incremento automático na tabela Employee.

Criar tabela Employee

(

Emp_Noint identity (1,1) NOT NULL,

Nome_do_empregado char (20)

)

Considere os seguintes requisitos para utilizar a propriedade **Identity**

> Só é permitida uma coluna de identidade por tabela

> Deve ser utilizado com os tipos de dados integer (int, bigint, smallint ou tinyint), numric ou decimal.

> Os tipos de dados numéricos e decimais devem ser especificados com uma escala de 0

> Não pode ser atualizado

> Não permite valores nulos

Exercício

1. Criar uma tabela cujo nome é Staff com atributos como name, Id, sex, salary,

Nacionalidade e idade (utilizando diferentes métodos que já vimos). A identificação deve ser um número automático.

2. *Modifique a tabela de empregados adicionando uma coluna chamada Qualificação.*

3. *Modifique a tabela Staff modificando uma coluna chamada idade.*

4. *Eliminar a tabela Pessoal*

Parte 3

Inserção de dados numa tabela

Objetivo

No final desta sessão de laboratório, os alunos serão capazes de:

- Inserir dados em tabelas.

A instrução INSERT adiciona linhas a uma tabela.

Sintaxe:

INSERT INTO nome_da_tabela VALUES (lista_de_valores)

VALORES DEFAULT

Utilize a instrução INSERT com a cláusula VALUES para adicionar linhas a uma tabela. **Ao inserir linhas, considere os seguintes factos e diretrizes:**

>   Deve respeitar a mesma ordem e o mesmo tipo de dados das colunas da tabela. Caso contrário, a inserção falhará.

>   Utilize a *column_list para* especificar as colunas que irão armazenar cada valor de entrada.

>   A *lista de colunas* deve ser colocada entre parênteses e delimitada por vírgulas.

>   Se estiver a fornecer valores para todas as colunas, a utilização da opção *columnlists*

>   Os dados de caracteres e as datas devem ser colocados entre aspas simples.

criar horário estudante

(fname varchar(12),

id int,

sexo char(12))

O exemplo seguinte adiciona **'Aster'** como um novo aluno na tabela de alunos com as colunas firstName, ID e sex:

INSERT INTO student Values ('Aster', 152, 'Feminino')

Se pretender inserir apenas Name e Id, pode escrever:

INSERT INTO student (firstName, ID) Values ('Aster', 152)

Inserção de várias linhas de dados

Exemplo:

INSERT INTO student Values ('Almaz', 152, 'Female'),

('kebede',150,'masculino'),

("Zeleke", 120, "Masculino");

Inserção de dados que não estão na mesma ordem que as colunas da tabela

Utilize *column_list* para especificar explicitamente os valores que são inseridos em cada coluna. A ordem das colunas na tabela de alunos é a coluna firstName, ID e sexo; no entanto, as colunas não estão listadas nessa ordem em *column_list*.

Exemplo:

insertinto student(id,fname,sex)values (278,'Tsigie','female')

Inserção de dados com menos valores do que colunas

criar tabela cliente

(cid intidentity(1000,1)notnull,

fname varchar(20),

sexo char(5)por defeito'masculino'não nulo,

data de nascimento datedefaultgetdate()notnull)

insert into customer(fname)values ('aster'),

("kebede");

insertinto customer values ('abebe', DEFAULT,DEFAULT)

insertinto customer values ('abebe','m',DEFAULT)

insertinto customer values

('abebe','m',DEFAULT),

('demeke',DEFAULt,DEFAULT);

Exercício

1. Faça o seguinte e veja o efeito (criando a tabela Employee1):

CREATETABLE Empregado1

(EmployeeNumber int,

FirstName nvarchar(20),

LastName nvarchar(20),

Salário por hora dinheiro por defeito 12,50);

INSERTINTO Empregado1

VALUES(28404,'Amadou','Sulleyman', 18.85),

(82948,'Frank','Arndt',DEFAULT), (27749,'Marc','Engolo', 14.50);

select*from Empregado1

2. Criar a tabela Course numa base de dados chamada 'Registrar'

Curso

ID do curso	Título do curso	Hora_de_cré dito	Pré-requisito	Natureza do curso	Depósito_de_ oferta
1111	Sistemas de bases de dados	4	Cseg1234	Major	Informática
1112	Programação	3	Cseg1233	Major	Informática
1113	Eletrónica II	4	Cseg2132	Apoio	Eng. Eléctrica
1114	Cálculo	4	Matemática 203	Comum	Matemática

Informações adicionais (Pressuposto sobre as regras comerciais existentes):

\>   Os valores para o atributo Course_nature são facultativos, enquanto os valores para Prerequisite &Course_ID são obrigatórios (não é possível deixar este valor em branco)

\>   Os valores do campo Course_ID podem ser gerados automaticamente

\>   A informática deve ser a disciplina por defeito Oferta de departamento

3. Inserir os dados de amostra

Parte 4

Recuperação de dados

Objetivo

No final desta sessão de laboratório, os alunos serão capazes de:

- Recuperar dados em tabelas.

Podemos utilizar a instrução SELECT para especificar as colunas e linhas de dados que pretendemos obter das tabelas.

Sintaxe:

SELECT lista_de_nomes_de_colunas

FROM {<table_names_list>}

WHERE <condição_de_pesquisa>

column_name *: representa os nomes das colunas, como first_Name, sex, age, etc*

table_names_list: *representa nomes de tabelas como estudante, pessoal, etc.*

<search_condition>: especifica a condição que restringe a consulta, como idade>40

Um asterisco (*) é utilizado para obter todas as colunas de uma tabela

Exemplo: *Este exemplo recupera as colunas* Course_ID, Course_Title, Credit_hour e Prerequisite *de todos os cursos da tabela de cursos*

SELECT Course_ID,Course_Title, Credit_hour,Prerequisite *FROM course*

Para recuperar todas as colunas da tabela de cursos, escrevemos:

SELECT * FROM curso

Eliminação de duplicados utilizando DISTINCT

Utilizamos a palavra-chave DISTINCT para selecionar apenas registos únicos da tabela

Exemplo: SELECT DISTINCT Natureza_do_curso FROM curso

Usando a cláusula WHERE para especificar linhas

Utilizando a cláusula WHERE, pode obter linhas específicas com base em determinadas condições de pesquisa. As condições de pesquisa na cláusula WHERE podem obter uma lista ilimitada de predicados.

> *condição de pesquisa>* usa a expressão {= | <> | > | >= | < | <=} expressão

> Expressões de cadeia [NOT]LIKE *expressão_de_cadeia*

> *Expressões [NOT / BETWEEN] expressão AND expressão*

Ao especificar linhas com a cláusula WHERE, considere os seguintes factos e diretrizes:

> Colocar aspas simples à volta de todos os dados char, nchar, varchar, nvarchar, text, datetime e smalldatetime

> Utilize uma cláusula WHERE para limitar o número de linhas devolvidas

Este exemplo recupera o stuID e o FirstName da tabela de alunos em que studID>158

SELECT Course_ID, Course_Title, Credit_hour,Prerequisite FROM courseWHERE

ID_curso>1003

Outros exemplos:

• *Para obter todos os estudantes do sexo masculino com idade superior a 30 anos:*

select * from student where gender='m'and age >30

• *Recolher todos os estudantes com idades compreendidas entre os 20 e os 30 anos:*

select * from student where age not between 20 and 30

• *Recolher todos os estudantes do sexo masculino cuja idade seja superior a 30 e inferior a 25 anos:*

select * from student where age between 20 and 30

• *Para obter todos os alunos cujo nome começa com a letra A'*

select * from student where fname not like 'A%'

• *Para obter todos os alunos cujo nome começa com a letra A' e termina com a letra e '*

select * from student where fname not like 'A%e'

Exercício

Crie uma tabela e insira os valores para os seguintes dados.

Tabela de empregados

Emp_Id	Nome F	Nome	Género	Departamento	Qualificação	Salário
101	Aster	Belachew	F	Finanças	Licenciatura	2900
102	Kebede	Acordado	M	TI	Diploma	1700

103	Zeleke	Asmamaw	M	Recursos Humanos	Mestrado	4570
201	Efrém	Assefa	M	Finanças	Mestrado	4400
202	Beletu	Eshetu	F	TI	Licenciatura	3560
205	Desta	Baye	M	Compras	Licenciatura	2800
305	Reta	Andargie	M	Recursos Humanos	Licenciatura	3100
330	Almaz	Kebede	F	Compras	Mestrado	4300

Pergunta: escrever uma consulta SQL para:-

1. Recuperar todos os trabalhadores do sexo masculino.

2. Recuperar todos os empregados cuja qualificação seja diferente de "BSc

3. Obter a identificação, o nome e o salário de todos os empregados cujo salário seja inferior a 3000.

4. Recuperar todos os empregados cujo salário se situa entre 2000 e 4000.

5. Recuperar todos os empregados cujo salário seja inferior a 3000 e superior a 4000.

6. Recuperar todos os empregados cujo nome termina em "A".

7. Recuperar todos os empregados cujo nome começa por "A" e termina por "E"

8. Recuperar todos os trabalhadores do sexo feminino cuja qualificação seja "BSc".

9. Obter todos os trabalhadores do sexo masculino que estão a trabalhar no Departamento Financeiro com a qualificação "BSc".

10. Recolher todas as mulheres empregadas que trabalham no departamento financeiro com um salário superior a 3000 birr.

<u>**Exercício**</u>

Criação de relações entre tabelas e implementação da integridade dos dados ou especificação de restrições

> Podemos criar relações entre tabelas aplicando o conceito de chave primária e restrições de chave estrangeira

o **Chave primária:** é um identificador único de um registo na tabela e garante a **integridade da entidade**

Exemplo de especificação de uma restrição de chave primária:

Criar tabela student (studIdInt primary key, Sex char (6))

Ou, se ainda não tivermos definido a chave primária, podemos adicioná-la utilizando a instrução alter table da seguinte forma:

Alterar a tabela student e adicionar a restrição pK_student chave primária (studId)

o **Restrição de chave estrangeira:** Define uma referência a uma coluna com uma restrição PRIMARY KEY ou

UNIQUE na mesma ou noutra tabela e reforça **a integridade referencial**

Exemplo de especificação de uma restrição de chave estrangeira:

Criar tabela student

(studIdInt primary key, fnamevarchar(20), sex char(6), age int,

DepNoint foreign key references Department (DNumber) **on delete cascade**)

Ou podemos utilizar a instrução alter table para adicionar uma chave estrangeira da seguinte forma:

Alterar a tabela student e adicionar a restrição fk_studforeingn key references department (DNumber)

> Para encontrar o nome de todos os alunos inscritos num determinado departamento, utilizamos o seguinte código:

SELECT fname FROM student, department where student.DepNo=Department.DNumber

1.   Criar relações entre tabelas **utilizando a interface gráfica do utilizador**

i)   Expandir a pasta da base de dados

ii) Clique com o botão direito do rato em **Database Diagrams** e depois em **New Database Diagram**

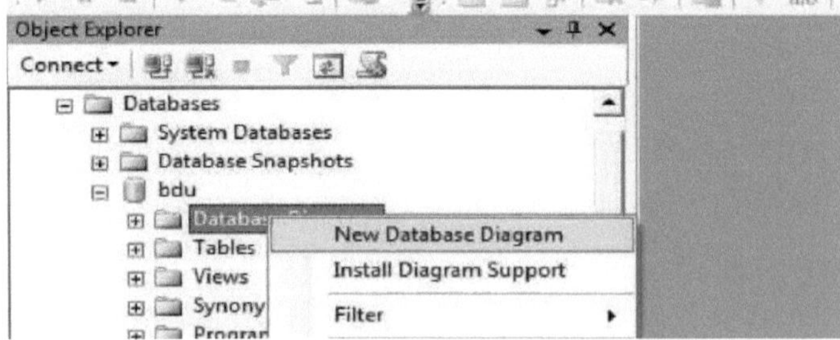

iii)   Clique em **sim** para criar objectos que suportem a diagramação da base de dados

iv)   Selecione as tabelas que pretende relacionar e clique em **Adicionar** e depois em **Fechar**

v)   Arrastar a coluna da chave primária da tabela para a coluna relacionada da tabela em que se pretende criar a relação

vi)   Dê um nome à relação e clique em **ok**

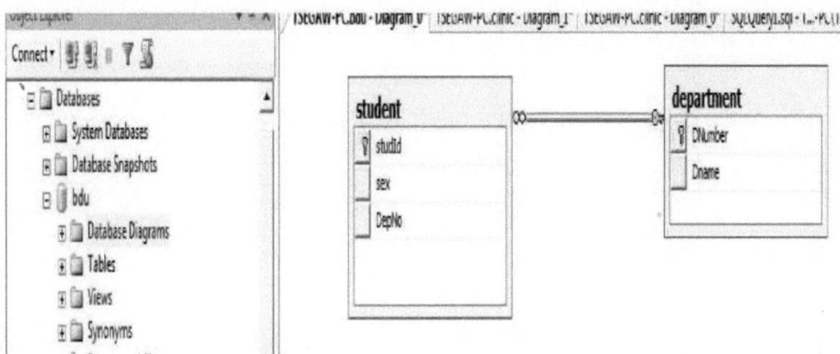

<u>**Exercício:**</u>

Suponha que existem três tabelas: aluno, curso e inscrição. Responda às perguntas com base nas informações fornecidas.

i) Estudante

stud_id	nome próprio	,lanme	sexo	idade
1001	Abebe	Kebede	M	24
1002	Belachew	Debebe	M	30
1003	Aster	Demeke	F	40
1004	Bekele	Acordado	M	32

ii) Curso

c_título	c_código	Hora_de_crédito	Natureza do curso
segundo ano	Flen102	4	Comum
Sistemas de bases de dados	Insy1120	3	Major

Visual Basic	Insy2020	4	Major
cálculo	Matemátic a1120	3	Comum

iii) Inscrição

semiste	stud_id	Ano_nível	c_código	Grau
2	1001	3	Insy1120	A
1	1002	2	Insy2020	B
2	1001	2	Insy1120	A
2	1003	2	Matemátic a1120	D
1	1004	4	Flen102	C

1. Crie as três tabelas acima na base de dados BDU-Registrar e insira os valores em cada tabela.

2. Criar uma relação entre as três tabelas (Enrollment é uma entidade associativa para decompor as relações de muitos para muitos entre as entidades aluno e curso).

3. Escrever uma consulta SQL:

a. ' Recuperar todos os alunos da tabela de alunos

b. Recuperar todos os valores das três tabelas

c. Obter o primeiro nome e o último nome dos alunos inscritos numa determinada disciplina. A sua consulta deve também obter o c_code, o semestre, as horas de crédito e o nível do ano.

Exercício: Verificar restrições

Uma restrição de verificação restringe os dados que os utilizadores podem introduzir numa determinada coluna a valores específicos. As restrições de verificação podem ser definidas durante a criação da tabela ou podem ser adicionadas posteriormente utilizando a instrução alter table.

Sintaxe: CONSTRAINT [nome da restrição]

CHECK (expressão lógica)

Exemplo: O código seguinte adiciona uma restrição CHECK para garantir que a idade do empregado não deve ser inferior a 18 anos:

Criar tabela empregado

(

empIdint chave primária,

sexo char(6),

idade int,

constraint ck_age CHECK (age>=18)

)

Ou podemos utilizar o seguinte código:

Alterar a tabela employee add constraint ck_age check(age>=18)

Alterar tabela employee add constraint ck_sex check(sex in('M','f'))

Desativação de restrições

Quando define uma restrição numa tabela que já contém dados, o SQL Server verifica automaticamente os dados para verificar se cumprem os requisitos da restrição. No entanto, pode desativar a verificação de restrições nos dados existentes quando adiciona uma restrição à tabela.

Considerar as seguintes diretrizes para desativar a verificação de restrições nos dados existentes:

>	Só é possível desativar as restrições CHECK e FOREIGN KEY. As outras restrições devem ser eliminadas e adicionadas novamente.

>	Para desativar a verificação de restrições quando adiciona uma restrição CHECK ou FOREIGN KEY a uma tabela com dados existentes, inclua a opção WITH NOCHECK na instrução ALTER TABEL.

>	Utilizar a opção WITH NOCHECK se os dados existentes não forem alterados. Os dados devem estar em conformidade com as restrições CHECK se os dados forem actualizados.

>	Certifique-se de que é apropriado desativar a verificação de restrições. É possível executar uma consulta para alterar os dados existentes antes de decidir adicionar a restrição.

Sintaxe:

ALTER TABLE table [WITH CHECK| WITH NOCHECK]

ADD CONSTRAINT constraint_name [FROEIGN KEY] (coluna)

REFERENCES ref_table (rer_column), [CHECK (condição lógica)]

Exemplo:

>	Para desativar a restrição de verificação definida na coluna idade da tabela de empregados,

podemos utilizar :

Alterar a tabela employee nocheck constraint ck_age

Para ativar novamente a restrição:

Alterar a tabela employee e verificar a restrição ck_age

>   Para adicionar uma restrição que impeça a inserção de valores de idade abaixo de 18 anos na tabela de funcionários, podemos usar o seguinte código. A restrição não é imposta aos dados existentes no momento em que a restrição é adicionada.

Alterar a tabela employee com nocheck add constraint ck_age

<u>Exemplos adicionais:</u>

Criar tabela student

(stud_idint primary key,Fnamevarchar(20),Lnamevarchar(20),Sex char(6),

Idade int)

Em seguida, insira os seguintes dados na tabela e veja os dados recuperando-os através de uma consulta após cada tarefa:

insert into student values(1001,'Abebe','Kebede','Male ',24)

insert into student values(1002,'worku','Debebe','Male',30)

insert into student values(1003,'Aster','Demeke','Female',38)

insert into student values(1004,'Bekele','awokeke','Male ',32)

Recuperar elementos: select * from student

Para Adicionar uma restrição que pode verificar e proibir entradas de idade <30:

alter table student with nocheck add constraint ck_age check(age>31)

Depois, tente inserir o seguinte e veja o efeito:

insert into student values(1005,'Bayech','Yimam','Female',20)

Recuperar elementos: select * from student

Para desativar a restrição:

alter table student nocheck constraint ck_age

Depois, tente inserir o seguinte e veja o efeito:

insert into student values(1006,'Baye','Yimam','Male',20)

Recuperar elementos: select * from student

Para Adicionar uma restrição que pode verificar e aceitar sexo apenas M ou F:

alter table student with nocheck add constraint ck_sex check(sex in('M','F'))

Recuperar elementos: select * from student

Depois, tente inserir o seguinte e veja o efeito:

insert into student values(1007,'Abeba','Yared','Female',32)

insert into student values(1008,'kebede','Yaregal','M',32)

Exercício

Criar uma tabela Course com os atributos courseid, coursetitle, offering_department e status. Defina uma restrição para o estatuto, que deve ser obrigatório ou eletivo.

Courseid	título do curso	Departamento_de_oferta	CrHr	Estado
1	Base de dados	IS	3	Obrigatório
2	Programação	CS	3	Obrigatório
3	Recuperação de informação	TI	4	Obrigatório
4	ICS	TI	3	Eletivo
5	Terreno	Terreno	4	Eletivo

a. Definir a restrição de verificação em offering_department de que o departamento deve ser IS, CS ou IT

i. Com cheque ii. Com nocheck. Insira dados adicionais e veja o efeito.

b.   Definir uma restrição de verificação em CrHr que deve ser superior a 1 sem verificação e inserir valores (6, VB ,'" IT' ,3,' major').

c.   Desativar a restrição no estado; inserir dados e ver o efeito.

d.   Ativar a restrição no estado; inserir dados e ver o efeito.

e.   Eliminar a restrição relativa à oferta de departamento e observar o efeito através da inserção de dados.

Parte 5

Formatação de conjuntos de resultados, agrupamento, resumo, eliminação e atualização de dados

Ordenação de dados

Utilize a cláusula ORDER BY para ordenar as linhas no conjunto de resultados por ordem ascendente (ASC) ou descendente (DESC).

Exemplo: Para listar o nome e o IDNo de todos os alunos por ordem crescente dos seus nomes, utilizamos o seguinte código:

Selecione fname, IDNo from student order by fname ASC

Listagem dos valores TOP n

Utilize a palavra-chave TOP n para listar apenas as primeiras n linhas ou n por cento de um conjunto de resultados.

Exemplo: Para encontrar os cinco principais produtos com o maior

quantidades que são encomendadas numa única encomenda, escrevemos o seguinte código:

SELECT TOP 5 ordrid, productid, quantity

A PARTIR DE pormenores da encomenda

ORDER BY quantidade DESC

Utilização de funções agregadas

As funções que calculam médias e somas são designadas por funções agregadas.

É possível utilizar funções de agregação com a instrução SELECT ou em combinação com a cláusula GROUP BY

\>   Com exceção da função COUNT(*), todas as funções de agregação devolvem um NULL se nenhuma linha satisfizer a cláusula WHERE.

\>   A função COUNT(*) devolve um valor de zero se nenhuma linha satisfizer a cláusula WHERE.

Exemplo de funções agregadas

Selecionar count(*) from student where sex 'F'

Selecionar avg(salário) from employee

Usando a cláusula GROUP BY

Utilize a cláusula GROUP BY em colunas ou expressões para organizar as linhas em grupos e resumir esses grupos. Por exemplo, use a cláusula GROUP BY para determinar o número total de alunos em cada departamento da seguinte forma:

Selecionar DepNO, count (*) from student group by DepNO

Usando a cláusula GROUP BY com a cláusula HAVING

Utilize a cláusula HAVING em colunas ou expressões para definir condições sobre os grupos incluídos num conjunto de resultados. A cláusula HAVING define condições na cláusula GROUP BY da mesma forma que as cláusulas WHERE interagem com a instrução SELECT.

Exemplo: Para cada departamento que tenha mais de 75 alunos, encontre o nome do departamento e o número total de alunos

selectdname,count(sdid)fromdep,studentwheredid=sdidgroupbydnamehavingcount(sdid)>2

Apagar registo

Podemos utilizar a instrução delete para remover um registo de uma tabela

Exemplo: Para eliminar um registo de um aluno cuja idade é 25 anos, utilizamos o seguinte código SQL:

Eliminar do aluno onde idade=25

Atualização de um valor na tabela:

Utilizamos a instrução update para modificar o valor de um campo de um registo na tabela

Exemplo: Para atualizar a idade de Abebe do valor atual de 25 para 30, escrevemos:

Atualizar o conjunto de alunos idade =30 onde fname = Abebe"

Tarefa de leitura: ler a utilização e a sintaxe e experimentar no computador as seguintes funções de agregação: AVG, CHECKSUM_AGG ,COUNT, COUNT_BIG, GROUPING, MAX,MIN,SUM,STDEV,STDEVP,VAR,VARP

Criar e eliminar um índice em SQL

O índice em SQL é criado em tabelas existentes para recuperar as linhas rapidamente. Quando existem milhares de registos numa tabela, a recuperação das informações demora muito tempo. Por isso, os índices são criados em colunas que são acedidas frequentemente, para que a informação possa ser recuperada rapidamente. Os índices podem ser criados numa única coluna ou num grupo de colunas. Quando um índice é criado, começa por ordenar os dados e, em seguida, atribui um ROWID a cada linha.

Criar índice : Cria um índice numa tabela. São permitidos valores duplicados:

Para criar um índice: Sintaxe

CREATE INDEX index_name ON table_name (column_name);

Criar índice UNIQUE: Cria um índice exclusivo em uma tabela. Não são permitidos valores duplicados:

Para criar um índice UNIQUE: Sintaxe

CREATE UNIQUE INDEX index_name ON table_name (column_name);

Para abandonar o índice:

DROP INDEX nome_do_índice ON nome_da_tabela

Exemplo

A instrução SQL abaixo cria um índice chamado "PIndex" na coluna "LastName" na tabela "Employee":

CREATE INDEX PIndex ON Employee (LastName)

Se pretender criar um índice numa combinação de colunas, pode listar os nomes das colunas entre parênteses, separados por vírgulas:

CREATE INDEX PIndex ON Employee (LastName, FirstName)

> *O nome do índice* é o nome do INDEX.

> *table_name* é o nome da tabela à qual pertence a coluna indexada.

> *nome_da_coluna1, nome_da_coluna2...* é a lista de colunas que constituem o INDEX.

A sintaxe geral é:

CREATE INDEX <index_type><index_name> ON <table_name> (<column_name1><index_order>,

<nome_da_coluna2><ordem_index>) OU

CREATE UNIQUE INDEX <index_type><index_name> ON <table_name> (

<nome_da_coluna1><ordem_index>,<nome_da_coluna2><ordem_index>)

Quando não utilizar o índice

> Os índices não devem ser utilizados em tabelas pequenas.

> Tabelas que têm operações de atualização ou inserção frequentes e em grandes lotes.

> Os índices não devem ser utilizados em colunas que contenham um elevado número de valores NULL.

> As colunas que são frequentemente manipuladas não devem ser indexadas.

Ver

As vistas, que são uma espécie de tabelas virtuais, permitem aos utilizadores fazer o seguinte

> Estruturar os dados de uma forma que os utilizadores ou classes de utilizadores considerem natural ou intuitiva.

> Restringir o acesso aos dados de modo a que um utilizador possa ver e (por vezes) modificar exatamente aquilo de que necessita e nada mais.

> Resume dados de várias tabelas que podem ser utilizados para gerar relatórios. Sintaxe:

CREATE VIEW view_name AS SELECT column1, column2FROM   table_name   WHERE [condition];

Exemplo:

```
----+----------+-----+----------+----------+

| ID | NAME     | AGE | ADDRESS  | SALARY   |

+----+----------+-----+----------+----------+

|1|Azeb|32|AA      |2000.00|

|2|Melaku|25|B/Dar|1500.00|

|3|Demewoz|23|Mota|2000.00|

|4|Elsa    |25|Gondar|6500.00|

|5|Beza|27|Dessie|8500.00|

|6|Chala|22|Adama|4500.00|

|7|Hagos|24|Aksum |10000.00|
```

CREATE VIEW CUSTOMERS_VIEW AS SELECT nome, idade FROM CUSTOMERS;

Podemos obter a partir da vista:SELECT * FROM CUSTOMERS_VIEW;

Atualização da vista: a vista é actualizada na seguinte situação

> A cláusula SELECT não pode conter a palavra-chave DISTINCT.

> A cláusula SELECT não pode conter funções de resumo.

> A cláusula SELECT não pode conter funções de conjunto.

> A cláusula SELECT não pode conter operadores de conjunto.

> A cláusula SELECT não pode conter uma cláusula ORDER BY.

> A cláusula FROM não pode conter várias tabelas.

> A cláusula WHERE não pode conter subconsultas.

> A consulta não pode conter GROUP BY ou HAVING.

> As colunas calculadas podem não ser actualizadas.

> Todas as colunas NOT NULL da tabela base devem ser incluídas na vista para que a consulta INSERT funcione.

UPDATE CUSTOMERS_VIEW SET AGE =35 WHERE name='Beza';

Inserindo linhas em uma visualização:

As linhas de dados podem ser inseridas numa vista. As mesmas regras que se aplicam ao comando UPDATE também se aplicam ao comando INSERT. Mas deve haver um not null na definição da vista, como o seguinte:

CRIAR A VISTA CLIENTES_VISTA COMO

SELECT nome, idade

DE CLIENTES

WHERE age IS NOT NULL

COM OPÇÃO DE CONTROLO;

A OPÇÃO WITH CHECK neste caso deve negar a entrada de quaisquer valores NULL na coluna AGE da vista, porque a vista é definida por dados que não têm um valor NULL na coluna AGE.

As linhas de dados podem ser eliminadas de uma vista. As mesmas regras que se aplicam aos comandos UPDATE e INSERT aplicam-se ao comando DELETE.

Segue-se um exemplo para eliminar um registo com AGE= 22.

DELETE FROM CUSTOMERS_VIEW

WHERE idade =22;

Isto acabaria por eliminar uma linha da tabela de base CUSTOMERS e o mesmo se reflectiria na própria vista. Agora tente consultar a tabela de base e a instrução SELECT produzirá o seguinte resultado:

Abandonar a vista: DROP VIEW nome da vista;

Filtragem de dados: Condições de pesquisa

IN condição de pesquisa

SELECT nome da empresa, país

DE Fornecedores

WHERE country IN ('Japan', Ttaly')

NOT IN condição de pesquisa

SELECT nome da empresa, país

DE Fornecedores

WHERE CountryNOT IN ('Japan', 'Italy')

IS NULL condição de pesquisa

SELECT nome da empresa, fax

DE Fornecedores

WHERE fax IS NULL

IS NOT NULL condição de pesquisa

SELECT nome da empresa, fax

DE Fornecedores

WHERE fax IS NOT NULL

Parte 6

junção de várias tabelas

Objetivo: Os principais objectivos desta sessão laboratorial são:

> Junção de tabelas para produzir um único conjunto de resultados.

> Conhecerá os diferentes tipos de junção.

> Utilizar Inner Joins para juntar registos de diferentes tabelas.

> Utilizar Outer Join para juntar registos de tabelas diferentes.

> Utilizar CROSS Join para juntar registos de diferentes tabelas.

As tabelas são unidas para produzir um único conjunto de resultados que incorpora linhas e colunas de duas ou mais tabelas.

Sintaxe: Selecionar columnName

Nome da tabela INER, LEFT, RIGHT, FULL, OUTER, CROSS JOINTable_NAme

Em condições

Uma junção permite-lhe selecionar colunas de várias tabelas expandindo a cláusula FROM da instrução SELECT. Duas palavras-chave adicionais são incluídas na cláusula FROM: - JOIN e ON

> A palavra-chave JOIN especifica quais as tabelas a juntar e como as juntar

> A palavra-chave ON especifica quais as colunas que as tabelas têm em comum

Consulta a duas ou mais tabelas para produzir um conjunto de resultados

Uma junção permite-lhe consultar duas ou mais tabelas para produzir um único conjunto de resultados. Quando o utilizador

para implementar as juntas, considere os seguintes factos e orientações:

> Sempre que possível, especifique a condição de junção com base nos dados primários e externos no entanto, pode utilizar quaisquer outras colunas, se necessário.

> É aconselhável utilizar a chave inteira na cláusula ON quando se juntam tabelas

> Utiliza colunas comuns às tabelas especificadas para unir as tabelas. Estas colunas devem ter os mesmos tipos de dados ou tipos de dados compatíveis

> Tente limitar o número de tabelas numa junção, uma vez que a SQL demora muito tempo a processar a consulta

> É possível juntar uma ou mais tabelas numa única instrução SELECT

Utilização de Inner Joins

Inner Joins combinam tabelas calculando valores em colunas que são comuns a ambas

tabelas. O SQL Server devolve apenas as linhas que correspondem à condição de junção

> Inner Join é a predefinição do SQL Server. Por isso, pode utilizar JOIN em vez de INNER

JUNTAR

> Não utilize um valor nulo como uma condição de junção porque os valores nulos não são avaliados

igualmente uns com os outros.

Exemplo : Recuperar o nome dos empregados, o salário e o departamento dos empregados

Selecionar, eName, salário, dName

From EMPLOYEE INNER JOIN DEPARTMENT ON

EMPLOYEE.Dnum =Departamento.DNO

Utilização de outer join

As junções externas à esquerda ou à direita combinam linhas de duas tabelas que correspondem à condição de junção, mais

muitas linhas não correspondentes da tabela da esquerda ou da direita é especificado na cláusula JOIN.

As linhas que não correspondem à condição de união apresentam NULL no conjunto de resultados.

É possível utilizar uniões externas completas para apresentar todas as linhas nas tabelas unidas, independentemente de

as tabelas têm quaisquer valores correspondentes.

Recuperar o nome do projeto, a sua localização e o nome do departamento de controlo

Selecionar ProiectName, localização, DName

FROM Departamento LEFT OUTER JOIN Projeto

ON Departamento.Dno =Projeto.DNO

Utilização da junção CROSS

As junções cruzadas apresentam todas as combinações de todas as linhas da tabela junta. Não é necessária uma coluna comum para utilizar junções cruzadas.

As junções cruzadas raramente são utilizadas numa base de dados normalizada, mas podem ser utilizadas para listas de verificação de

modelos empresariais.

Listar todas as combinações possíveis dos valores no nome do empregado e no nome do departamento

Selecionar EName, DName

Do Empregado para o Departamento

Junção de mais de duas tabelas

É possível juntar qualquer número de tabelas. Qualquer tabela referenciada numa operação de união pode ser unida a outra tabela por uma coluna comum.

Utilize junções múltiplas para obter informações relacionadas a partir de várias tabelas. Quando juntar mais de duas tabelas, considere os seguintes factos e diretrizes:

> Deve ter uma ou mais tabelas com relações de chave estrangeira com cada uma das tabelas que pretende juntar

> A cláusula ON deve fazer referência a cada coluna que faz parte de uma chave composta

> Incluir a cláusula WHERE para limitar o número de linhas devolvidas.

Recuperar o nome do empregado que está a trabalhar no projeto "Rede" cujo departamento é TI.

Selectfirst_name,proName,DepName

FromEMPLOYEEINNERJOINDEPARTMENTonEMPLOYEE.deptid=Department.DepIdINNERJOINPR OJECTON

department.depid=Project.depid

Exercícios

Responde à questão 1-4 com base no seguinte esquema.

Empregado

EmpId	Nome_próprio	Último nome	Salário	Data de contratação	D_ej>Id	SupervisorId	DATA DE NASCIMENT

							O

Projeto

ProNão	ProName	LeaderId	DepJd

Departamento

DepId	DepName	Localização	EmpId

Empregado_do_projecto

ProNão	EmpId	Duração

Nota: o sublinhado sólido indica chaves primárias e o sublinhado pontilhado indica chaves estrangeiras

1. inserir dados de amostra

2. Obter o nome e o salário de todos os empregados que trabalham para o departamento "Investigação". (Suponha que "Investigação" é um dos departamentos)

3. Para cada empregado, obter o nome e o apelido do empregado e o nome e o apelido da sua chefia direta

4. Para cada projeto localizado em "Bahir Dar", indicar o nome do projeto, o nome do departamento que o controla, o nome próprio e a data de nascimento do gestor do departamento.

Eliminar a base de dados, por exemplo

criar base de dados eg

use eg create table employee(id int,namevarchar(15), salary money)

alter table employee add edidint null

alter table employee add constraint fk_e_d foreign key(edid) references dep(did)

create table dep(did int primary key, dnamevarchar(15),empidint foreign key references employee(id))

create table project(pnoint primary key,pnamevarchar(15),pdidint referências de chave estrangeira dep(did))

alter table depnocheck constraint FK__dep__empid__145C0A3F

insert into project values(2,'Base de dados',4)

select * from dep

Selecionar Nome, salário, dName

From EMPLOYEE cross JOIN DEP ON

EMPLOYEE.edid =dep.did

selecionar nome,pname,dname

from empregado inner join dep on edid=did

inner join projeto on did=pdid

Criar vistas

Pode criar vistas utilizando o Assistente de Criação de Vistas, SQL Server Enterprise Manager,

ou Transact-SQL. Só é possível criar vistas na base de dados atual.

Quando você cria uma visão, o MSSQL Server verifica a existência de objetos que são referenciados
na definição da visão. O nome da vista deve seguir as regras para identificadores. A especificação de
um nome de proprietário da vista é opcional. Você deve desenvolver uma convenção de nomenclatura
consistente para distinguir as visualizações das tabelas.

Exemplo:

CREATE VIEW Informações_do_aluno

AS

SELECT Nome, IDNO

DO ESTUDANTE

Depois pode consultar:

SELECT * FROM Student_Information

Filtragem de dados: Condições de pesquisa

IN condição de pesquisa

SELECT nome da empresa, país

DE Fornecedores

WHERE country IN ("Japão", "Itália")

NOT IN condição de pesquisa

SELECT nome da empresa, país

DE Fornecedores

WHERE country NOT IN ('Japan', 'Italy')

IS NULL condição de pesquisa

SELECT nome da empresa, fax

DE Fornecedores

WHERE fax IS NULL

IS NOT NULL condição de pesquisa

SELECT nome da empresa, fax

DE Fornecedores

WHERE fax IS NOT NULL

Parte 7

Funções de data e hora

Objetivo

No final desta sessão de laboratório, os alunos podem efetuar as funções de data e hora

NOME DA DATA

Devolve uma cadeia de caracteres que representa a parte da data especificada da data especificada

DATENAME (datepart , date)

A parte da data pode ser: ano, mês, dia da semana, hora, minuto, segundo, etc

date: é um tipo de dados de hora, data, data e hora, etc.

Exemplo

SELECT DATENAME(year,'2007-10-30 12:15:32.12');

Retornos 2007

DATEPART

Devolve um número inteiro que representa a parte da data especificada da data especificada.

DATEPART (datepart , date)

Exemplo

SELECT DATEPART(WEEKDAY,'2007-10-30 12:15:32.12');

Retorna 3, que é terça-feira

SELECT DATEPART(millisecond, '00:00:01.1234567'); -- Devolve 123

SELECT DATEPART(microsecond, '00:00:01.1234567'); -- Devolve 123456

SELECT DATEPART(nanosecond, '00:00:01.1234567'); -- Devolve 123456700

Dia, mês, ano,

Devolve um número inteiro que representa o dia (dia do mês), o mês ou o ano da data especificada.

DIA (data)

SELECT day('2007-10-30 12:15:32.12');

DATEFROMPARTS

Devolve um valor **de data** para o ano, mês e dia especificados.

DATEFROMPARTS (ano, mês, dia)

Exemplo

SELECT DATEFROMPARTS (2010, 12, 31) AS Result;

Resultado

2010-12-31

DATEADD

Devolve uma data especificada com o intervalo de números especificado (número inteiro assinado) adicionado a uma parte da data especificada dessa data.

DATEADD (datepart , number , date)

SELECT DATEADD(mês, 1, '2006-08-30');

DEFINIR FORMATO DE DATA

Define a ordem das partes de data do mês, dia e ano para interpretar a data

SET DATEFORMAT { format | @format_var }

formato | @format_var

É a ordem das partes da data. Os parâmetros válidos são mdy, dmy, ymd, ydm, myd e dym.

IR

DECLARE @datevardatetime = '2008/12/30 09:01:01.120';

SELECT @datevar;

IR

-- Resultado: 2008-12-30 09:01:01.120

SET DATEFORMAT dmy;

DECLARE @datevardatetime = '2008/12/30 09:01:01.120';

SELECT @datevar;

--Error A conversão falhou ao converter a data e/ou a hora -- a partir de uma cadeia de caracteres.

SYSDATETIME

Devolve um valor datetime que contém a data e a hora do computador no qual a instância do SQL Server está a ser executada.

Exemplo

1. selecionar sysdatetime()

2. SELECT CONVERT (date, SYSDATETIME())--obter apenas a data atual Exemplo: 2015-01-09

DATEDIFF

Devolve a contagem (número inteiro com sinal) dos limites da parte da data especificada cruzados entre a data de início e a data de fim especificadas.

DATEDIFF (datepart,startdate,enddate)

Exemplo

DECLARE @date1 DATETIME

DECLARE @date2 DATETIME

DECLARE @date3 DATETIME

SET @date1= '2012-04-07 20:12:22.013'

SET @date2= '2014-02-27 22:14:10.013'

SET @date3= '2013-03-17 23:10:35.013'

SELECT DATEDIFF(year, @date1, @date1) AS'Year'--o resultado é 0

ISDATE

Devolve 1 se a expressão for um valor válido de data, hora ou datetime; caso contrário, 0.

ISDATE (expressão)

IF ISDATE('2009-05-12 10:19:41.177') = 1

IMPRIMIR "VALID

ELSE

PRINT 'INVALID';

--impressões válidas

Exercício

Utilize os quadros abaixo para responder às perguntas. As tabelas mostram a relação que o empregado tem com o projeto principal.

Ao criar as tabelas, certifique-se de que as seguintes restrições são mantidas:

A.   Tabela de empregados

>   A idade deve ser superior a 18 anos

> A data de contratação deve ter como valor por defeito a data atual.

> O ano da reforma é 60. RDate é a data da reforma.

-A experiência deve ser calculada automaticamente.

-A data também deve ser preenchida automaticamente.

B. Tabela de projectos

> StartDate pode assumir a data atual como valor predefinido.

> EndDate tem de ser superior à data atual e à data de início.

> Um projeto deve estar concluído no prazo de 5 anos.

Empregado

Eid	FNome	LNome	Sexo	DATA DE NASCIMENTO	Data de contratação	Experiência	Data de referência

Projeto

Pid	Nome do PN	Data de início	Data de fim	LeaderId

1. Criar as tabelas com os requisitos especificados.

2. Inserir dados de amostra

3. Indicar o nome dos trabalhadores, a idade e o ano de contratação.

4. Elaborar um relatório que mostre o número de empregados contratados em cada ano.

5. Recuperar o dia específico (segunda-feira e similares) em que um determinado empregado é contratado.

6. Crie uma vista que mostre os projectos, o seu líder e a duração em dias, meses e anos que o projeto demora a ser concluído.

7. Inserir dados na tabela Employee. Ao fazê-lo, DOB e HiredDate devem ser inseridos utilizando a função DATEFROMPARTS.

8. Recuperar todos os empregados que estão reformados.

9. Recuperar todos os trabalhadores que serão objeto de novo julgamento após 2 anos.

10. Inserir dados na tabela Projeto. Se a data de início ou a data de fim for inválida, deve ser apresentada a mensagem "Formato inválido, tente novamente".

11. Recuperar todos os projectos que foram iniciados no 10º mês.

12. Alterar o formato da data para Ano, Mês e Data.

Solução

--1

create table employee(eidint primary key,namevarchar(15),sex char(1),DOB datetime,

HiredDatedatetime default sysdatetime() ,Experiência

as Datediff(day,HiredDate,sysdatetime()),RDate as

DATEADD(year, 60-(Datediff(year,DOB,sysdatetime())), HiredDate),

constraint ck_age check((Datediff(year,DOB,sysdatetime()))>=18))

create table project(pidint primary key,pnamevarchar(30),startdatedatetime default

sysdatetime(),enddatedatetime check(

enddate>sysdatetime()),leaderidint foreign key references employee(eid),

restrição ck_period check((DateDiff(year, startdate,enddate))<=5),

restrição ck_enddate check(enddate>startdate))

-      -2

insert into employee values(1,'Abebe','M','1987/12/23',default)--it works

insert into employee values(2,'Gemechu','M','1989/12/23',default)--it works

insert into employee values(3,'Feiza','F','2000/12/23',default)--não funciona, porquê?

insert into project values(1,'Trabalho em rede',default,'2015/12/12',1)-- funciona

insert into project values(2,'Database',default,'2050/12/12',1)--não funciona, porquê?

-      -3

select name,datediff(year,dob,sysdatetime()) as age,Datename(year,hireddate) as HiredYear from employee

-      -4

select count(eid) as Number,Datename(year,hireddate)as year from employee group by

Datename(year,hireddate)

- 	-5

selecionar *,datename(WEEKDAY,HiredDate) as dayHired from employee

- 	-6

criar a vista EmplyeeProject como select name,pname,Datediff(day,startdate,enddate) as dayDuration,

Datediff(month,startdate,enddate) as monthDuration,Datediff(year,startdate,enddate) as yearDuration

from empregado,projeto where eid=leaderid

select * from EmplyeeProject

- 	-7

insert into employee values(3,'Abebe','M',Datefromparts(1990,12,23),Datefromparts(2014,12,23))--funciona

- 	-8

select * from employee where (datediff(year,dob,sysdatetime()))>=60

- 	-9

select * from employee where (dateadd(year,2,(datediff(year,dob,sysdatetime()))))=60

- 	-10

declare @sddatetime='2015/01/01'

declare @eddatetime='2019/12/12'

- 	f isdate(@sd)=0 e isdate(@ed)=1

Imprimir 'A data de início é inválida, tente corrigi-la'

else if isdate (@sd)=1 and isdate(@ed)=0

Imprimir "A data final é inválida, tente corrigi-la".

else if isdate (@sd)=0 and isdate(@ed)=0

Imprimir 'Tanto a data de início como a data de fim são inválidas, tente corrigi-las'

senão

insert into project values(2,'Microprocessador',@sd,@ed,2)

--11

select * from project where (datepart(month,startdate))=10; --orselect * from project where (month(startdate))=10;

--12SET DATEFORMAT ymd

Base de dados bancária

ramo (nome do ramo, cidade do ramo, activos)

cliente (cid, nome do cliente, rua do cliente, cidade do cliente)

conta (nome da sucursal, número da conta, saldo)

empréstimo (nome da sucursal, número do empréstimo, montante)

depositante (cidj nome-do-cliente, número da conta, data de acesso, montante)

mutuário (cid, nome do cliente, número do empréstimo)

pagamento (PNumber, PDate, PAmount, loan-number)

Definir operação-s

União

Encontre todos os clientes que têm um empréstimo, uma conta ou ambos:

(selectcustomer-name **from** *depositante)*

união

(selectcustomer-name **from** *borrower)*

Cruzamento

Encontrar todos os clientes que têm um empréstimo e uma conta.

(selectcustomer-name **from** *depositante)*

intersectar

(selectcustomer-name **from** *borrower)*

Definir diferença

Encontrar todos os clientes que têm uma conta mas não têm um empréstimo.

selectcustomer-name **from** *depositante)*

exceto

(*selectcustomer-name* **from** *borrower*)

valor nulo

Encontrar todos os números de empréstimos que aparecem na relação de *empréstimos* com valores nulos para o *montante.*

selecionar *o número do empréstimo*

do *empréstimo*

em que *o montante* **é nulo**

Consulta aninhada

Encontre todos os clientes que têm uma conta e um empréstimo no banco.

select distinct *customer-name*

do *mutuário*

where *customer-name* **in (select customer-namefromdepositor**)

Encontrar todos os clientes que têm um empréstimo no banco mas não têm uma conta no banco

select distinct *customer-name*

do *mutuário*

where *customer-name* **not in (select** *customer-name* **from** *depositante)*

Encontrar todos os clientes que têm uma conta e um empréstimo na sucursal "Tana".

nome de seleção

do mutuário, empréstimo

em quebrower.lno=loan.lnoe

bname='Tana'e

nomear

(selectname

do depositante, conta

quandodepositor.ano=conta.acctno)

Algumas cláusulas

Encontrar todas as sucursais que tenham activos superiores aos de uma sucursal situada em "Bahir Dar".

selecionar *o nome do ramo*

do *ramo*

em que *os activos* **>alguns**

(selecionar *activos*

do *ramo*

where *branch-city* = "Bahir Dar")

toda a cláusula

Encontrar os nomes de todas as sucursais que têm activos superiores a todas as sucursais localizadas em Bahir Dar.

selecionar *o nome do ramo*

do *ramo*

em que *os activos* **>todos**

(selecionar *activos*

do *ramo*

where *branch-city* = "Bahir Dar")

<u>**Existe**</u>

A construção **exists** devolve o valor **true** se a subconsulta do argumento for não vazia.

Encontrar todos os clientes que têm uma conta em todas as agências localizadas em Bahir Dar.

select distinct *S.customer-name*

do *depositante* **como** *S*

onde não existe (

(selecionar *o nome do ramo*

do *ramo*

where *branch-city* = "Bahir Dar")

exceto

(select *R.branch-name*

do *depositante* **como** *T,* **da** *conta* **como** *R* em que *T.account-number = R.account-number* e

S.nome-do-cliente=T.nome-do-cliente))

Teste de ausência de duplicados

A construção **única** testa se uma subconsulta tem quaisquer tuplas duplicadas no seu resultado.

Encontrar todos os clientes que têm apenas uma conta na sucursal de Tana.

selecionar *T.nome-cliente*

do *depositante* **como** *T*

em que o único (

selecionar *R.nome-cliente*

da *conta, depositante* **como** *R*

em queT.*customer-name = R.customer-name* e

R.account-number = account.account-number

e

account.branch-name = 'Tana')

Encontrar todos os clientes que tenham pelo menos duas contas na sucursal de Tana.

select distinct *T nome-cliente*

do *depositante T*

se não for único (

selecionar *R.nome-cliente*

da *conta, depositante* **como** *R*

em que *T.customer-name = R.customer-name* e

R.account-number - account.account-number e

account.branch-name = 'Tana')

Relação derivada

Determine o saldo médio das contas dos balcões em que o saldo médio das contas é superior a $1200.

select *branch-name, avg-balance*

from (**select** *branch-name,* **avg***(balance)*

da *conta*

group by *branch-name)* **as** *result (branch-name, avg-balance)*

em que *avg-balance* >1200

Note-se que não precisamos de utilizar a cláusula **having**, uma vez que calculamos na cláusula **from** o resultado da relação temporária, e os atributos do *resultado* podem ser utilizados diretamente na cláusula **where**.

yes
I want morebooks!

Buy your books fast and straightforward online - at one of world's fastest growing online book stores! Environmentally sound due to Print-on-Demand technologies.

Buy your books online at
www.morebooks.shop

Compre os seus livros mais rápido e diretamente na internet, em uma das livrarias on-line com o maior crescimento no mundo! Produção que protege o meio ambiente através das tecnologias de impressão sob demanda.

Compre os seus livros on-line em
www.morebooks.shop

info@omniscriptum.com
www.omniscriptum.com

Printed by Books on Demand GmbH, Norderstedt / Germany